愉快學寫字  9

寫字和識字：部首、偏旁

新雅文化事業有限公司
www.sunya.com.hk

《愉快學寫字》叢書是專為**訓練幼兒的書寫能力、培養其良好的語文基礎**而編寫的語文學習教材套，由幼兒語文教育專家精心設計，參考香港及內地學前語文教育指引而編寫。

叢書共 12 冊，內容由淺入深，分三階段進行：

	書名及學習內容	適用年齡	學習目標
第一階段	《愉快學寫字》1-4 （寫前練習 4 冊）	3 歲至 4 歲	- 訓練手眼協調及小肌肉。 - 筆畫線條的基礎訓練。
第二階段	《愉快學寫字》5-8 （筆畫練習 2 冊） （寫字練習 2 冊）	4 歲至 5 歲	- 學習漢字的基本筆畫。 - 掌握漢字的筆順和結構。
第三階段	《愉快學寫字》9-12 （**寫字和識字 4 冊**）	5 歲至 7 歲	- 認識部首和偏旁，幫助查字典。 - 寫字和識字結合，鞏固語文基礎。

幼兒通過這 12 冊的系統訓練，已**學會漢字的基本筆畫、筆順、偏旁、部首、結構和漢字的演變規律**，為快速識字、寫字、默寫、學查字典打下良好的語文基礎。

叢書的內容編排既全面系統，又循序漸進，所設置的練習模式富有童趣，能令幼兒「愉快學寫字，從此愛寫字」。

第 9 至 12 冊「寫字和識字」內容簡介：

這 4 冊包括以下內容：

1. **部首和偏旁**：每冊有 20 個，由淺入深地編排。小朋友完成這 4 冊的練習，就學會了 80 個部首和偏旁，基本上掌握了漢字的結構和規律。

2. **範字**：參考香港教育局《香港小學學習字詞表》選編。

3. **有趣的漢字**：讓孩子在認識漢字演變的過程中，加深對這個漢字的理解，並起到舉一反三的作用，快速認識同類字詞。

4. **趣味練習**：加深孩子對這個部首和偏旁的理解及記憶。

5. **造句練習**：讓孩子掌握文字的運用。

6. **部首複習**：利用多種有趣的語文遊戲方式，鞏固孩子所學內容。

孩子書寫時要注意的事項：

① 把筆放在孩子容易拿取的容器，桌面要有充足的書寫空間及擺放書寫工具的地方，保持桌面整潔，培養良好的書寫習慣。

② 光線要充足，並留意光線的方向會否在紙上造成陰影。例如：若小朋友用右手執筆，枱燈便應該放在桌子的左邊。

③ 坐姿要正確，眼睛與桌面要保持適當的距離，以免造成駝背或近視。

④ 3-4 歲的孩子小肌肉未完全發展，**可使用粗蠟筆、筆桿較粗的鉛筆，或三角鉛筆。**

⑤ 不必急着要孩子「畫得好」、「寫得對」，重要的是讓孩子畫得開心和享受寫字活動的樂趣。

正確執筆的示範圖：

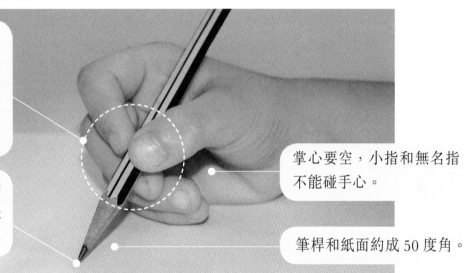

用拇指和食指執住筆桿前端，同時用中指托住筆桿，無名指和小指自然地彎曲靠在中指下方。

執筆的拇指和食指的指尖離筆尖約 3 厘米左右。

掌心要空，小指和無名指不能碰手心。

筆桿和紙面約成 50 度角。

正確寫字姿勢的示範圖：

眼睛與紙相距大約 30 厘米，胸部不要緊貼桌邊。

兩臂自然地張開，伸開左手的五隻手指按住紙，右手書寫。如果是用左手寫字的，則左右手功能相反。

寫字時，身體要坐正，兩肩齊平，兩腿自然地平放地面上。頭和上身稍向前傾，腰要伸直，胸部挺起。

目錄

常用字與部首 ‥‥‥‥‥‥‥‥5

部首：人（亻）‥‥‥‥‥‥6

單人旁（亻）‥‥‥‥‥‥‥7

部首：口 ‥‥‥‥‥‥‥‥‥8

口字旁 ‥‥‥‥‥‥‥‥‥‥9

部首：土 ‥‥‥‥‥‥‥‥‥10

土字旁 ‥‥‥‥‥‥‥‥‥‥11

部首：女 ‥‥‥‥‥‥‥‥‥12

女字旁 ‥‥‥‥‥‥‥‥‥‥13

部首：巾 ‥‥‥‥‥‥‥‥‥14

巾字旁 ‥‥‥‥‥‥‥‥‥‥15

部首：心（忄）‥‥‥‥‥‥16

豎心旁 ‥‥‥‥‥‥‥‥‥‥17

部首：手（扌）‥‥‥‥‥‥18

提手旁 ‥‥‥‥‥‥‥‥‥‥19

部首：日 ‥‥‥‥‥‥‥‥‥20

日字旁 ‥‥‥‥‥‥‥‥‥‥21

部首：木 ‥‥‥‥‥‥‥‥‥22

木字旁 ‥‥‥‥‥‥‥‥‥‥23

部首：水（氵）‥‥‥‥‥‥24

三點水旁 ‥‥‥‥‥‥‥‥‥25

部首：目 ‥‥‥‥‥‥‥‥‥26

目字旁 ‥‥‥‥‥‥‥‥‥‥27

部首：虫 ‥‥‥‥‥‥‥‥‥28

虫字旁 ‥‥‥‥‥‥‥‥‥‥29

部首：言 ‥‥‥‥‥‥‥‥‥30

言字旁 ‥‥‥‥‥‥‥‥‥‥31

部首：艸（艹）‥‥‥‥‥‥32

草字頭 ‥‥‥‥‥‥‥‥‥‥33

部首：宀 ‥‥‥‥‥‥‥‥‥34

寶蓋頭 ‥‥‥‥‥‥‥‥‥‥35

部首：竹（𥫗）‥‥‥‥‥‥36

竹字頭 ‥‥‥‥‥‥‥‥‥‥37

部首：糸（糹）‥‥‥‥‥‥38

絞絲旁 ‥‥‥‥‥‥‥‥‥‥39

部首：刀（刂）‥‥‥‥‥‥40

立刀旁 ‥‥‥‥‥‥‥‥‥‥41

部首：力 ‥‥‥‥‥‥‥‥‥42

力字旁 ‥‥‥‥‥‥‥‥‥‥43

部首：广 ‥‥‥‥‥‥‥‥‥44

廣字頭 ‥‥‥‥‥‥‥‥‥‥45

部首複習一 ‥‥‥‥‥‥‥‥46

部首複習二 ‥‥‥‥‥‥‥‥47

常用字與部首

部首	常用字
人（亻）	人 什 今 仍 仔 他 代 令 以 仙 休 企 件 份 位 住 何 伸 但 作 你 伯 低 使 例 來 信 便 保 候 倦 倒 們 個 值 停 假 做 健 傘 傍 傷 傳 像
口	口 可 古 右 司 叫 只 句 台 吉 吐 同 各 向 名 合 吃 后 吊 吞 否 吧 呀 告 吹 吸 含 味 呢 呼 和 命 咬 咳 品 哈 唐 哪 哥 哭 員 商 啦 啊 唱 問 唸 售 喜 喝 喂 單 喊 喉 嗎 嘴 器
土	土 地 在 址 圾 坐 垃 坡 型 城 堅 堂 堆 報 場 堡 塘 塗 塊 境 增 壁
女	女 奶 她 好 如 妙 妻 妹 姑 姐 始 姿 姓 姊 姨 娃 娘 婆 婦 婚 媽 嬰
巾	巾 市 布 帆 希 帚 帖 帕 帝 帥 席 師 帶 帳 常 幅 帽 幣 幕 幫
心（忄）	心 必 忙 忘 志 快 念 忽 怪 怕 性 思 怒 急 怎 恨 恆 恐 恭 恩 息 悅 您 情 惜 悲 惡 惰 愉 意 想 感 愛 慌 慈 慢 慣 慶 慧 憐 憤 懂 應 懶
手（扌）	才 手 打 扣 扶 把 找 抄 抓 拉 拌 抹 招 拇 拍 抱 抬 按 持 指 括 拾 拿 拳 捕 捉 控 捲 探 接 捧 掃 掛 掉 排 推 捨 採 掌 揮 插 握 提 換 搜 搭 損 搬 搶 搖 摘 摔 撞 撐 播 擁 擇 操 擔 撿 擊 擠 擦
日	日 早 旺 明 昏 易 春 是 星 昨 時 晨 晚 普 晶 晴 景 暑 智 暗 暖 曆
木	木 本 未 朱 朵 李 材 村 束 枝 林 杯 板 東 果 松 柿 染 柱 柔 架 枯 柚 查 柏 柳 校 核 案 根 桔 栽 桌 柴 格 桃 梳 梯 桶 梅 條 梨 椅 森 棋 植 棵 棍 棉 楚 極 業 榕 槍 榮 樣 樓 樂 橙 橫 樹 橋 機 檸 檬 櫃
水（氵）	水 永 汁 求 汗 污 江 池 沙 沖 沒 汽 沉 泳 泥 河 法 油 泊 波 治 泉 洋 洲 洞 洗 活 派 流 浪 消 海 浮 浴 涼 淡 淚 深 淺 清 淨 游 渡 港 湖 溫 湯 渴 測 減 滑 準 演 滴 漢 滿 漱 漸 漲 漁 漿 潔 澡 濕 灘 灣
目	目 盯 直 相 眉 省 看 盼 真 眠 眾 眼 着 睇 晴 睦 睬 睡 瞎 瞬
虫	蚊 蚪 蛇 蛀 蛋 蛙 蜂 蜜 蜻 蜓 蝙 蝠 蝴 蝶 蝦 蝸 蝌 螞 蠅 蟲 蟻 蟹
言	言 計 訂 記 訓 訪 許 設 詠 評 詞 訴 該 詳 試 詩 誠 話 詢 說 誦 誌 語 認 談 請 課 誕 調 誰 諧 謎 講 謊 謝 識 證 議 警 護 讀 變 讓 讚
艸（艹）	芒 芳 芝 芽 花 芬 苦 茄 若 茂 苗 英 荒 荔 草 茶 莊 莓 荷 菠 華 著 菌 菊 萄 菜 菇 落 葉 葱 葡 蓄 蓋 蒸 蓮 蔬 蕉 薄 藍 藏 藥 蘋 蘭
宀	它 宅 守 安 完 定 官 宜 室 客 家 宮 害 容 寄 寒 富 實 察 寬 寫 寶
竹（⺮）	竹 笑 第 等 筆 筒 答 筋 筷 節 管 算 箏 箭 篇 箱 築 簡 簿 籃 籍 籠
糸（糹）	紅 紀 約 級 紙 細 累 組 終 結 紫 絲 給 經 網 綠 維 練 線 績 總 繩
刀（刂）	刀 切 分 刊 列 判 別 利 刻 券 刷 刺 到 製 前 剛 剪 副 割 創 剩 劇
力	力 加 功 劫 助 努 勇 勃 勁 勤 務 動 勞 勝 勤 勢 勵 勸
广	序 店 府 底 度 庫 庭 座 康 廊 廂 廁 廉 廈 廢 廚 廟 廣 廠 廳

注：本表的常用字是參考香港教育局《香港小學學習字詞表》第一學習階段的字詞而列舉。

有趣的漢字：人

「人」字作偏旁時，一般寫成「亻」。

在空格內填上正確的字。

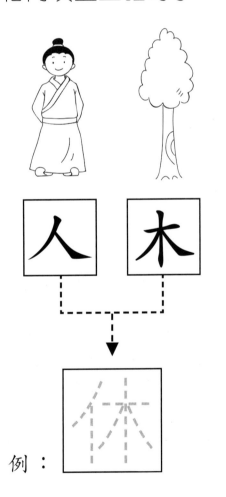

例：

（人站在樹下休息。）

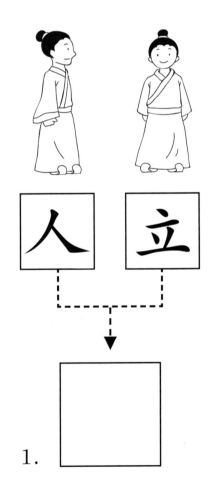

1.

（人站立的地方是位置。）

答案：1. 位

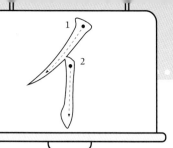

筆順：ノ　亻　亻　什　什　休　　　　　　　　　　　　六畫

| 休 | | | | | |

造句練習：

我們在涼亭裏＿＿＿＿息一會兒。

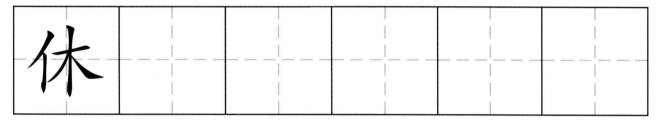

筆順：ノ　亻　亻　亻　仁　仹　住　　　　　　　七畫

| 住 | | | | | |

造句練習：

我＿＿＿＿在香港島的鰂魚涌。

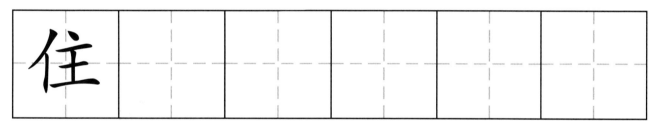

筆順：ノ　亻　亻　亻　信　信　信　信　信　　九畫

| 信 | | | | | |

造句練習：

我到郵局寄＿＿＿＿。

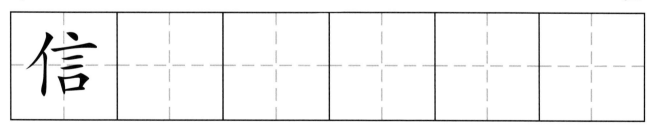

有趣的漢字：口

填上 口 的部首。

例： 乞

1. 曷

2. 欠

3. 昌

答案：1. 喝；2. 吹；3. 唱

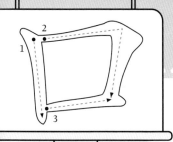

口字旁

筆順：丨口口叫叫　　　　　　　　五畫

叫

造句練習：

小鳥在樹枝上吱吱 ＿＿＿＿。

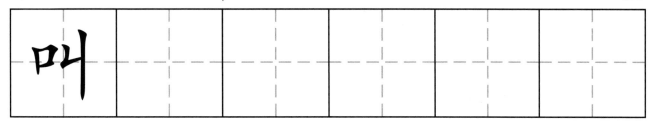

筆順：丨口口口ノ吃　吃　　　　　　　六畫

吃

造句練習：

我最愛＿＿＿＿冰淇淋。

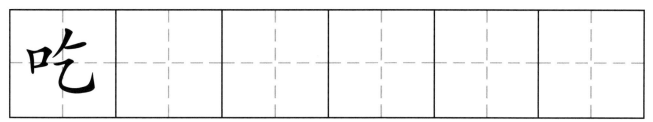

筆順：丨口口口ノ吅吅吧唱唱唱　十一畫

唱

造句練習：

妹妹喜歡 ＿＿＿＿ 歌。

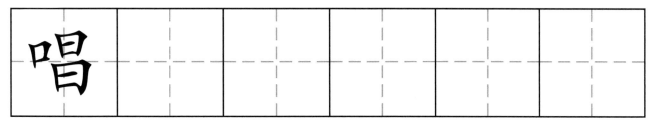

有趣的漢字：土

把相配的字用線連起來，組成詞語。

1.

掃・　　　　・a. 塘

2.

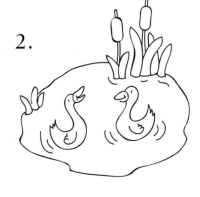

池・　　　　・b. 場

3.

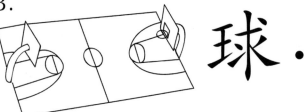

球・　　　　・c. 地

答案：1. c. 掃地；2. a. 池塘；3. b. 球場

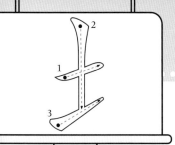

土字旁

筆順：一 十 土 土' 扎 地　　　　　　六畫

地					

造句練習：

草 ＿＿＿ 上長滿了小花。

筆順：一 十 土 土' 圠 坊 城 城 城　　　　九畫

城					

造句練習：

＿＿＿ 市裏到處都是高樓大廈。

筆順：一 十 土 圠 圤 坍 坦 坦 埸 場 場　　十二畫

場					

造句練習：

我和同學到球 ＿＿＿ 踢球。

有趣的漢字： 女

把部首是 **女** 的字填上顏色。

媽媽

洋娃娃

牛奶

老婆婆

答案：奶、姓、妹、媽

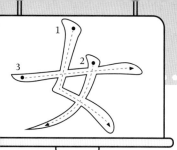

女字旁

筆順：く ㄑ 女 女 奶　　　　　　　　　　五畫

奶					

造句練習：

牛 ＿＿含有豐富的營養。

筆順：く ㄑ 女 奵 奵 姐 姐 姐　　　　八畫

姐					

造句練習：

我和 ＿＿＿ ＿＿＿到圖書館看書。

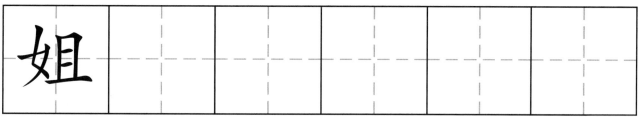

筆順：く ㄑ 女 奵 奵 妒 妒 妈 媽 媽 媽 媽 媽　　十三畫

媽					

造句練習：

＿＿＿ ＿＿＿給我講故事。

有趣的漢字：巾

把部首是 巾 的字與中央的 巾 連起來。

筆順：丨冂巾帄帆帆　　　　　　　　　六畫

帆					

造句練習：

這是一艘 ＿＿＿＿ 船。

筆順：丨冂巾帄帕帕帕帕　　　　　　　八畫

帕					

造句練習：

我有一條漂亮的花手 ＿＿＿＿ 。

筆順：丨冂巾帄帄帄帄帄帄幅幅幅　　十二畫

幅					

造句練習：

我畫了一 ＿＿＿＿ 圖畫送給爸爸。

15

有趣的漢字：心

「心」字作偏旁時，一般寫成「忄」。

把與下圖表情相配的字用線連起來。

1.

•

•

a. 悅

2.

•

•

b. 悲

3.

•

•

c. 怕

4.

•

•

d. 怒

5.

•

•

e. 惑

6.

•

•

f. 想

答案：1.a. 悅；2.c. 怕；3.b. 悲；4.e. 惑；5.d. 怒；6.f. 想

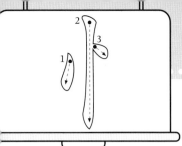

豎心旁

筆順：丶丿忄忄忄忙忙　　　　　　　　　　六畫

忙					

造句練習：

大家正 ＿＿＿＿ 碌地清潔課室。

筆順：丶丿忄忄忄快快　　　　　　　　　　七畫

快					

造句練習：

祝你生日 ＿＿＿＿ 樂！

筆順：丶丿忄忄忄怕怕怕　　　　　　　　　　八畫

怕					

造句練習：

妹妹最害 ＿＿＿＿ 老鼠。

部首：手（扌）

有趣的漢字：手

「手」字作偏旁時，一般寫成「扌」。

找出部首是手的字，並把它圈出來。

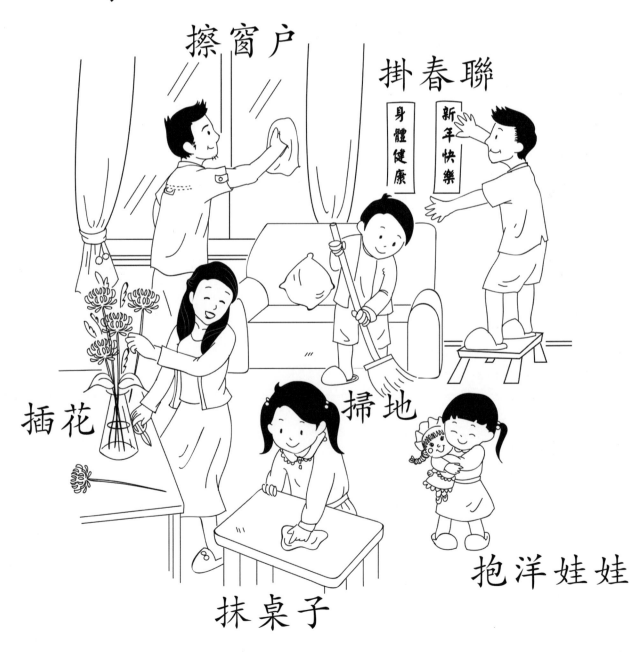

擦窗戶

掛春聯

身體健康　新年快樂

插花

掃地

抹桌子

抱洋娃娃

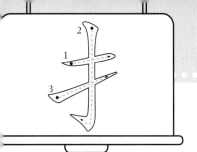

筆順：一 十 扌 扌 打　　　　　　　五畫

打					

造句練習：

小貓把花瓶 ＿＿＿ 破了。

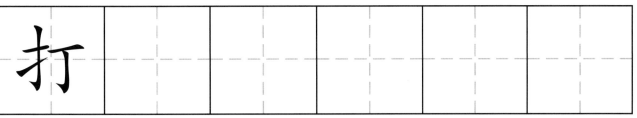

筆順：一 十 扌 扌 扌 拍 拍 拍　　　　　　八畫

拍					

造句練習：

小弟弟在 ＿＿＿ 皮球。

筆順：一 十 扌 扌 扌 扌 护 抖 抖 採　　　　十一畫

採					

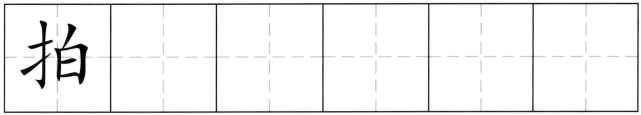

造句練習：

蜜蜂在花間 ＿＿＿ 花蜜。

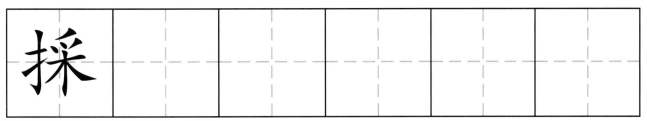

有趣的漢字：日

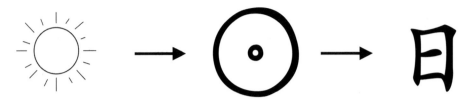

你知道下面哪些詞語是代表時間嗎？請在方格上加上 ✓ 號。

1.  早上 ☐

2. 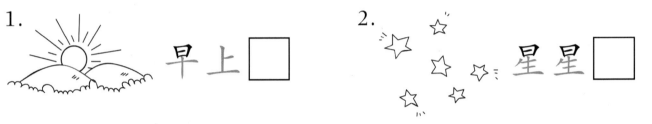 星星 ☐

3.  黃昏 ☐

4. 風景 ☐

5.  晚上 ☐

6. 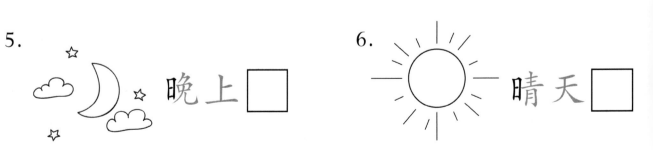 晴天 ☐

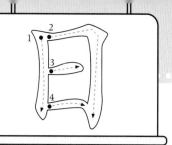

筆順：丨 冂 冂 日 日 明 明 明   八畫

明					

造句練習：

小新是一個聰 ＿＿＿＿ 伶俐的孩子。

筆順：丨 冂 冂 日 日 日一 日十 旪 旪 時 時   十畫

時					

造句練習：

現在是早上九 ＿＿＿＿ 正。

筆順：丨 冂 冂 日 日 日一 日二 日十 旪 晴 晴 晴   十二畫

晴					

造句練習：

今天天氣 ＿＿＿＿ 朗，陽光普照。

有趣的漢字：木

填上部首木。

例：公

1. 兆

2. 卯

3. 巿

答案：1.桃；2.柳；3.柿

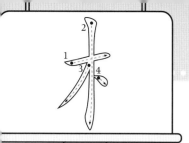
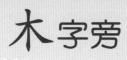

木字旁

筆順： 一 十 才 木 朮 枋 枝 枝　　　　八畫

枝					

造句練習：

我送一 ＿＿＿＿ 玫瑰花給媽媽。

筆順： 一 十 才 木 朮 栌 栌 栌 校 校　　十畫

校					

造句練習：

今天學 ＿＿＿＿ 舉行運動會。

筆順： 一 十 才 木 朮 朮 村 村 桔 桔 桔 桔 楂 楂 樹 樹　十六畫

樹				

造句練習：

我和爸爸一起布置聖誕 ＿＿＿＿ 。

部首：水（氵）

有趣的漢字：水

「水」字作偏旁時，一般寫成「氵」。

請在適當位置寫上部首水（氵），並把與字相配的圖用線連起來。

1.
可 •

• a.
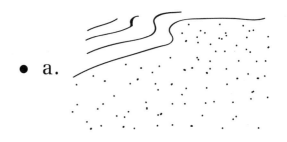

2.
每 •

• b.

3.
少 •

• c.

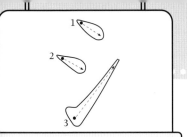

筆順：`丶 丶 氵 氵 汁　　　　　　　　　　　五畫

汁

造句練習：

我喜歡喝蘋果 ＿＿＿＿。

筆順：`丶 丶 氵 氵 沪 浐 汇 海 海 海 海　　十畫

海

造句練習：

輪船在大 ＿＿＿＿上航行。

筆順：`丶 丶 氵 氵 氵 汸 汸 汸 汸 游 游 游　　十二畫

游

造句練習：

魚兒在河裏 ＿＿＿來 ＿＿＿去。

有趣的漢字：目

聯想猜字——猜一猜從下面的圖畫所演變出來的文字，並把它們連起來。

1.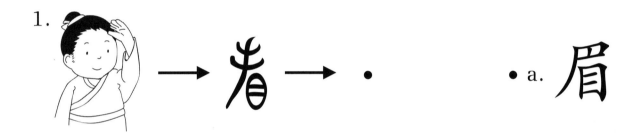

    a. 眉

2.

    b. 看

3.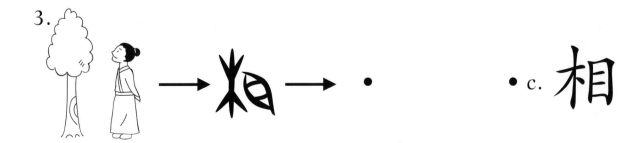

    c. 相

答案：1. b. 看；2. a. 眉；3. c. 相

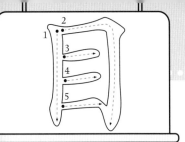

目 字旁

筆順：丨 冂 冂 月 目 目ˊ 目ˊ 眂 眠 眠　　　　　　十畫

眠					

造句練習：

小烏龜在冬天裏冬 ＿＿＿＿ 。

筆順：丨 冂 冂 月 目 目 目ˊ 目ˊ 目ˊ 眼 眼 眼　　　　十一畫

眼					

造句練習：

不要用手擦 ＿＿＿＿ 睛。

筆順：丨 冂 冂 月 目 目 目ˊ 眵 眵 眭 眭 睡 睡　　　十四畫

睡					

造句練習：

我們要養成早 ＿＿＿＿ 早起的習慣。

有趣的漢字：虫

圖中的動物名稱都有部首**虫**，請你把它寫出來。

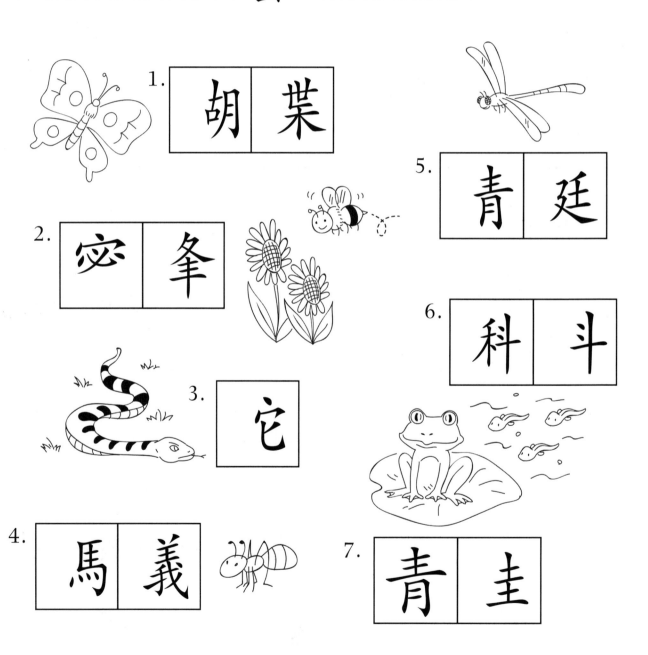

1. 胡　枼

2. 宓　夆

3. 它

4. 馬　義

5. 青　廷

6. 科　斗

7. 青　圭

答案：1. 蝴蝶；2. 蜜蜂；3. 蛇；4. 螞蟻；5. 蜻蜓；6. 蝌蚪；7. 青蛙

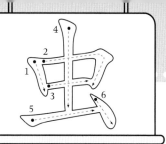

虫字旁

筆順：丶口口中虫虫虫 虫`虸虸蚊　　　　十畫

蚊					

造句練習：

保持環境清潔，防止 ＿＿＿＿ 蟲滋生。

筆順：丶口口中虫虫虫 虫`虫`虵蛇蛇　　　十一畫

蛇					

造句練習：

＿＿＿＿ 是十分危險的動物。

筆順：丶口口中虫虫虵虸蚌蛙蛙蛙　　十二畫

蛙					

造句練習：

青 ＿＿＿＿ 在池塘裏呱呱叫。

有趣的漢字：言

把部首是言的字圈出來。

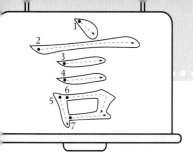

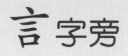

筆順： `一一一三言言言言訂訂訐訐話話　　　　十三畫

話					

造句練習：

小雅參加普通 ＿＿＿＿ 朗誦比賽。

筆順： `一一一三言言言言訂訂訂訂諤説　　　　十四畫

説					

造句練習：

老師給我們解 ＿＿＿＿ 青蛙的成長過程。

筆順： `一一一三言言言訂訂訂訒認認認　　　　十四畫

認					

造句練習：

我 ＿＿＿＿ 識了一位日本小朋友。

有趣的漢字：艸

「艸」字作偏旁時，一般寫成「艹」。

→ 艸 → 艹

圖中的植物名稱都有部首艹，請你把它寫出來。

1. 荔 枝

2. 亡 果

3. 香 蕉

4. 何 化

5. 菊 化

答案：1. 荔枝；2. 芒果；3. 香蕉；4. 荷花；5. 菊花

筆順：一 十 十 艹 芌 芢 芢 花　　　　八畫

花

造句練習：

溫室裏種滿了不同品種的 ＿＿＿＿ 。

筆順：一 十 十 艹 芌 芐 芐 苫 苩 草　　　　十畫

草

造句練習：

羊羣在山坡上吃 ＿＿＿＿ 。

筆順：一 十 十 艹 芝 芷 芷 芷 芷 葺 菫 葉　　　　十三畫

葉

造句練習：

秋天來了，樹 ＿＿＿＿ 變成金黃色。

部首：宀　　粵音：棉

有趣的漢字：宀

看圖猜字——把相配的圖和字連起來。

1.

　　　　•　　　　•a. 安

2.

　　　　•　　　　•b. 家

3.

　　　　•　　　　•c. 宮

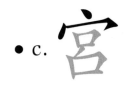

答案：1.b. 家；2.a. 安；3.c. 宮

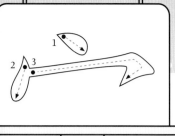

寶蓋頭

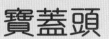

筆順： `、　`　宀　宀　安　安 六畫

安					

造句練習：

過馬路時注意 ＿＿＿ 全。

筆順： `、　`　宀　宀　宁　宁　宁　家　家 十畫

家					

造句練習：

我的 ＿＿＿ 裏有爸爸、媽媽和妹妹。

筆順： `、　`　宀　宀　宁　宀　宇　宋　宋　寄　寄 十一畫

寄					

造句練習：

我收到祖母郵 ＿＿＿ 來的信件。

有趣的漢字：竹

「竹」字作偏旁時，一般寫成「⺮」。

把部首是 竹 的字填上顏色。

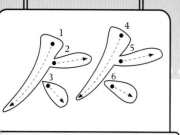

竹字頭

筆順： ㇒ ㇒ ㄏ ㄣ ㄫ ㄫ 竻 筒 筒 筒 筒 筒　　　十二畫

筒					

造句練習：

香港的郵 _____ 是綠色的。

筆順： ㇒ ㇒ ㄏ ㄣ ㄫ ㄫ 笁 笁 笁 筆 筆 筆　　　十二畫

筆					

造句練習：

媽媽給我買了一盒顏色 _____ 。

筆順： ㇒ ㇒ ㄏ ㄣ ㄫ ㄫ 笁 笁 笁 筣 節 節 節　　　十三畫

節					

造句練習：

端午 _____ ，吃粽子，扒龍船。

有趣的漢字：糸

「糸」字作偏旁時，一般寫成「糹」。

找出部首是 糸 的字，並在 ◯ 內加 ✓。

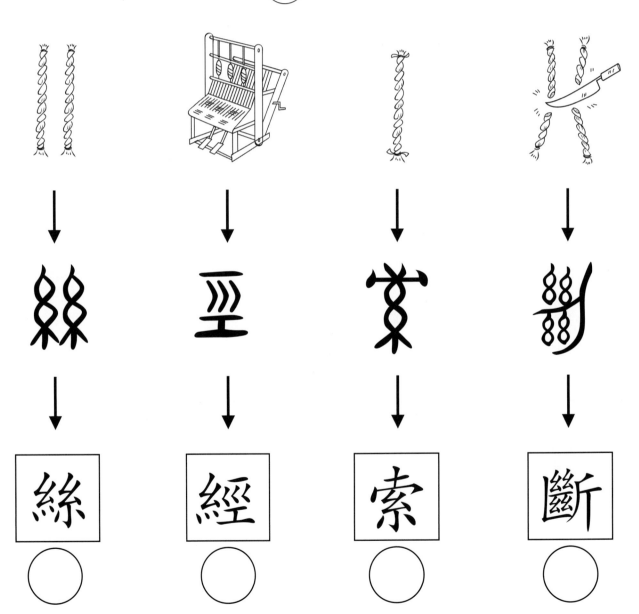

絲	經	索	斷
◯	◯	◯	◯

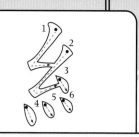

絞絲旁

筆順：ㄥ ㄠ ㄠ ㄠ ㄠ ㄠ ㄠ 紅 紅 紅 　　　　九畫

紅					

造句練習：

新年到，爸媽給我一封 ＿＿＿＿ 包。

筆順：ㄥ ㄠ ㄠ ㄠ ㄠ ㄠ ㄠ 紅 紙 紙 　　　　十畫

紙					

造句練習：

老師教我們用手工 ＿＿＿＿ 摺青蛙。

筆順：ㄥ ㄠ ㄠ ㄠ ㄠ ㄠ ㄠ 紉 紉 細 細 　　十一畫

細					

造句練習：

我把做完的作業 ＿＿＿＿ 心地看一遍。

部首：刀（刂）

有趣的漢字：刀

「刀」字作偏旁時，一般寫成「刂」。

在 ☐ 內填上適當的字。

切 利 分

1. 八 ＋ 刀 ＝ ☐

2. 七 ＋ 刀 ＝ ☐

3. 禾 ＋ 刀 ＝ ☐

答案：1. 分；2. 切；3. 利

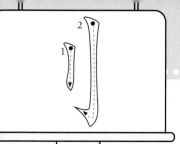

立刀旁

筆順：　ㄱ　ㄱ　尸　尸　局　吊　刷　刷　　　　　八畫

刷					

造句練習：

我養成每天早晚 ＿＿＿＿ 牙的習慣。

筆順：　一　ㄥ　ㄷ　至　至　至　到　到　　　　　八畫

到					

造句練習：

我和爸媽 ＿＿＿＿ 郊外遊玩。

筆順：　、　ㄧ　ㄨ　ㄊ　ㄌ　肖　前　前　前　　　九畫

前					

造句練習：

小聰坐在我的 ＿＿＿＿ 面。

有趣的漢字：力

把部首 力 填上顏色。

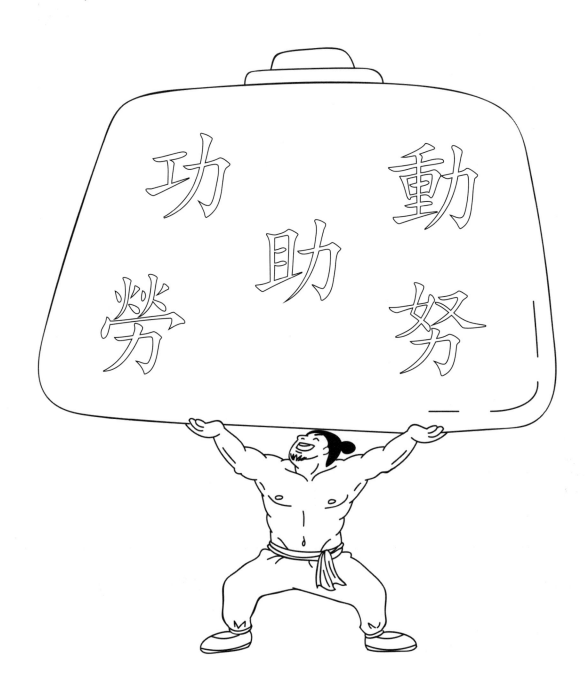

力字旁

筆順：一 丁 工 巧 功　　　　　　　　　　五畫

功					

造句練習：

哥哥正在專心地做 ＿＿＿＿ 課。

筆順：丨 冂 月 日 且 助 助　　　　　　　七畫

助					

造句練習：

姐姐幫 ＿＿＿＿ 媽媽做家務。

筆順：一 二 千 千 千 舌 舌 重 重 動 動　　十一畫

動					

造句練習：

常做運 ＿＿＿＿ 身體好。

有趣的漢字：广

文字加法——把答案用線連起來。

1.
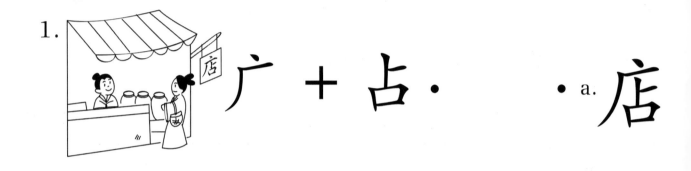

广 ＋ 占 ·　　　· a. 店

2.
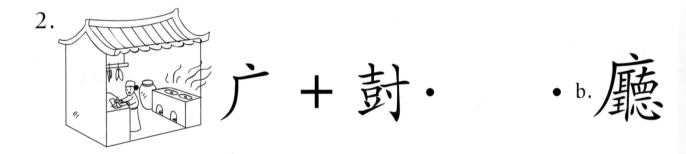

广 ＋ 尌 ·　　　· b. 廳

3.

广 ＋ 聽 ·　　　· c. 廚

答案：1.a. 店；2.c. 廚；3.b. 廳

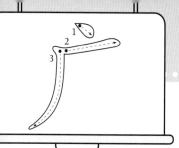

廣字頭

筆順：`丶一广广庐庐店店` 　　　八畫

店					

造句練習：

星期天，我和爸爸逛書 ＿＿＿ 。

筆順：`丶一广广广庐庐应座座` 　　　十畫

座					

造句練習：

老師給我們編配 ＿＿＿ 位。

筆順：`丶一广广庐庐序序庚康康` 　　　十一畫

康					

造句練習：

均衡的飲食可保持身體健 ＿＿＿ 。

將「青」字加上指定的部首後組成的字寫出來，並完成句子。

1. 「日」+「青」= ☐

今天天氣 ＿＿＿ 朗。

2. 「目」+「青」= ☐

我有一雙眼 ＿＿＿ 。

3. 「言」+「青」= ☐

小青因身體不適，＿＿＿ 假一天。

4. 「虫」+「青」= ☐

這是一隻 ＿＿＿ 蜓。

5. 「水」+「青」= ☐

我們要保持環境 ＿＿＿ 潔。

6. 「心」+「青」= ☐

小丑的表 ＿＿＿ 趣怪，逗得大家哈哈大笑。

將「白」字加上合適的部首，並完成句子。

人（亻） 心（忄） 水（氵） 巾　 木　 手（扌）

1. ☐ +「白」= 伯

老＿＿＿ ＿＿＿ 在公園裏散步。

2. ☐ +「白」= 帕

我用手＿＿＿來擦汗。

3. ☐ +「白」= 怕

妹妹十分害＿＿＿毛蟲。

4. ☐ +「白」= 拍

弟弟一邊＿＿＿手，一邊唱歌。

5. ☐ +「白」= 柏

小屋前種了一棵＿＿＿樹。

6. ☐ +「白」= 泊

一隻天鵝在湖＿＿＿上游泳。

• 升級版 •

愉快學寫字 ⑨
寫字和識字：部首、偏旁

策　　劃：嚴吳嬋霞

編　　寫：方楚卿

增　　訂：甄艷慈

繪　　圖：何宙樺

責任編輯：甄艷慈、周詩韵

美術設計：何宙樺

出　　版：新雅文化事業有限公司

　　　　　香港英皇道 499 號北角工業大廈 18 樓

　　　　　電話：(852) 2138 7998

　　　　　傳真：(852) 2597 4003

　　　　　網址：http://www.sunya.com.hk

　　　　　電郵：marketing@sunya.com.hk

發　　行：香港聯合書刊物流有限公司

　　　　　香港荃灣德士古道 220-248 號荃灣工業中心 16 樓

　　　　　電話：(852) 2150 2100

　　　　　傳真：(852) 2407 3062

　　　　　電郵：info@suplogistics.com.hk

印　　刷：中華商務彩色印刷有限公司

　　　　　香港新界大埔汀麗路 36 號

版　　次：二〇一五年六月初版

　　　　　二〇二四年八月第十一次印刷

ISBN: 978-962-08-6300-4